我的家在中國・節日之旅 1

爆竹聲中一歲除 春節

檀傳寶◎主編　李敏◎編著

中華教育

「劈哩啪啦」過年啦！

春節年年過，你可知「年」是甚麼？你知道古代中國人用甚麼方式確定過年的時間？春節裏還有許許多多有意思的故事，快來一起探尋吧！

目錄

祝福一

新年的鐘聲

進入新年倒計時，你準備好了嗎？一起來倒數——10、9、8、7、6、5、4、3、2、1，新年到！祝福大家吉祥如意，所有夢想馬上實現！

新年啦，邀你來撞「鐘」！

新年撞鐘，是中國傳統的迎新年節目。

108 響鐘聲，去除的是煩惱和災禍，帶來的是新年祝福。佛經上說「聞鐘聲，煩惱清，智慧長，菩提生」。敲一下鐘能除去一個煩惱，敲 108 下，寓意除盡所有煩惱，一年中化凶為吉，平平安安。

▲紐約時間

中國新年鐘聲敲響的時候，世界其他城市是幾點呢？

▲格林尼治時間

▲北京時間

1884 年國際經線會議規定，全球按經度分為 24 個時區，每區各佔經度 15°，每 15°為 1 個時區，1 個時區就是 1 小時。世界上的各個國家位於地球不同位置上，所以不同國家的日出、日落時間也有所偏差。這些偏差就是所謂的時差。

一秒鐘穿越

過年的民謠

二十三糖瓜粘，
二十四掃房子，
二十五磨麥子，
二十六去割肉，
二十七寫對子，
二十八貼窗花，
二十九蒸饅頭，
三十晚上熬一宿，
大年初一三叩首。

從除夕到大年初一，我們將共同經歷一個「時間穿越」儀式。每次穿越，人們便完成一次身體和精神上的洗禮。經歷這一秒，我們將告別舊歲，擁抱新春……

表情動作搭一搭

想像一下，在這個時光隧道裏，我們到了四維的世界，我們的表情和身體的動作失去了聯繫。請你從表情庫裏選擇，為臉部配上適宜的表情，完成我們的「一秒鐘穿越」（一起過大年嘍！）。

臘月二十三

臘月二十七

臘月二十九

年三十・16點

年三十・20點

年三十・23點59分59秒

那是因為我們太期待、太重視它啦！

我們心中的溫暖被拉長了。

年初一

年初二

年初三

年初四

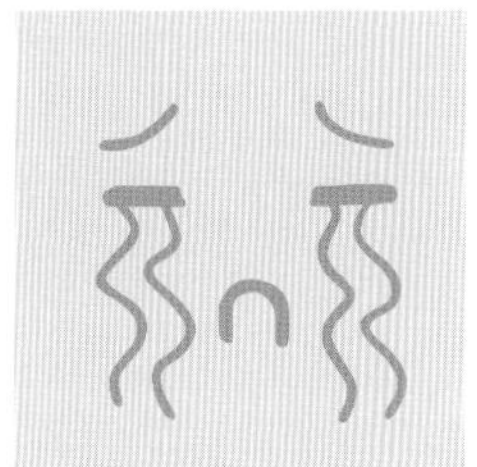

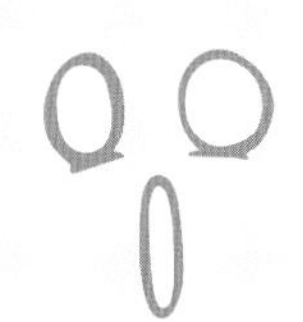
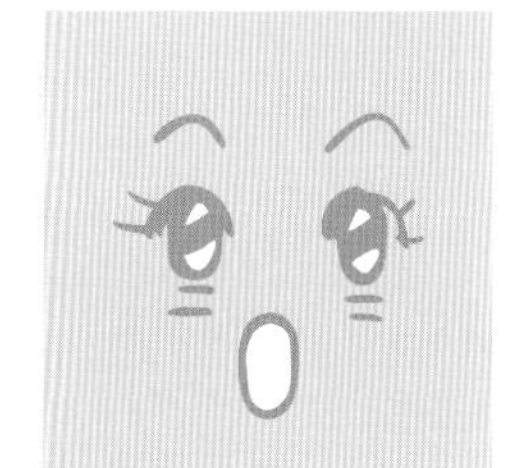

陰陽合曆定新年

中國的春節是一個民間的慶典，它主要反映了大自然的節律。

春節與中國古代陰陽合曆的曆法制度密不可分。這種曆法尊重太陽和月亮的「視運動」規律。因此，春節時間的確定，需要考慮太陽、月亮與人和自然的關係。代表新舊交替的年節時間是在「交子」時刻——除夕向初一過渡的那一刻。在這一時刻，太陽在回歸線上有着特定位置，同時也是新月初升的時刻。

陰陽合曆是陽曆與陰曆兼顧的曆法，融合了地球、月亮、太陽運轉的週期。月份依月球運行週期為準，年的長度則依回歸年為準，閏月則是為了讓月份和四季寒暑相配合而設計。陰陽合曆一直沿用至今，也是中國傳統的固有曆法。

太陰曆，又稱陰曆。陰曆依據月亮的弦、望、晦、朔確定1個月的週期。由此推定七天為一星期。

古代的兩河流域流傳着一個關於星神的說法。從星期天到下個星期六，分別由太陽神、月神、火星神、水星神、木星神、金星神、土星神值班，掌管着人世中的時間。

陰曆定月的依據是月亮的運動規律。陰曆沒有閏月。

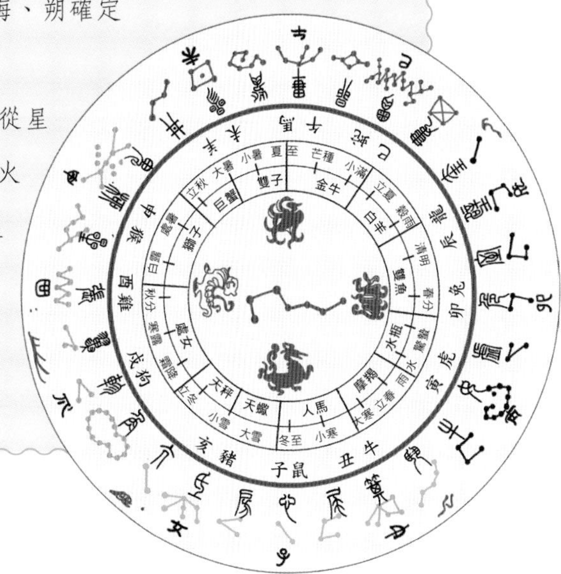

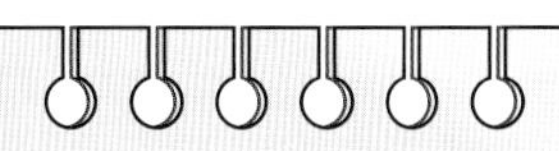

世界曆法主要有三種：

太陽曆

太陰曆

陰陽合曆

太陽曆，又稱陽曆，現代國家稱之為「公曆」。它是以地球繞太陽公轉的運動週期為基礎制定的曆法。

在西方，太陽曆的紀年法是以耶穌誕生為開端的，具有濃厚的宗教色彩。

十二生肖接力賽

古時候，為了讓百姓能夠記住自己的出生年號，就使用了最簡單的動物紀年法。

許多人好奇為甚麼要選定這十二種動物作為紀年的標誌呢？

這很可能與早期社會的圖騰信仰有密切關係。在古代，很多部落都會選擇一種特別害怕或者特別喜歡的動物，作為自己部落的標誌。

圖騰信仰裏會有多種多樣的動物，最終哪些動物能成為紀年的生肖呢？

快來看看馬上開始的接力賽吧！

貓咪為甚麼不參加接力賽？

十二生肖傳説產生於夏朝。到了漢代，十二生肖與地支的相配體系已經固定下來了。而在漢代以前，我國只有山貓和豹貓，都是野生貓，真正意義上的家貓不被人們所知曉。

我們今天飼養的家貓的祖先，據説是印度的沙漠貓。印度貓進入中國的時間，大約始於東漢明帝時。

因此，家貓被人們知曉的時間，距離十二生肖年法的產生，恐怕已相差千年了，所以來晚了的貓自然在十二生肖中沒有一席之地啦。

每年大年三十（農曆十二月的最後一天）深夜12點鐘聲響起時，便意味着送走一個舊生肖，迎來一個新生肖。新的一年也就來臨了。

生肖不僅中國有，外國也有。

緬甸有八大生肖，按出生日期是星期幾來決定自己的屬相。從星期一到星期日，緬甸人將星期三這天分開，上半天稱為星期三，下半天稱為「羅睺」，因此一星期算作8天。不同日子出生的人分屬虎、獅子、雙牙象和無牙象、老鼠、天竺鼠、龍、金翅鳥。

法國也有十二生肖，不過它們是天上的12個星座，分別為摩羯、水瓶、雙魚、白羊、金牛、雙子、巨蟹、獅子、處女、天秤、天蠍、人馬。

埃及和希臘有十一獸曆，它們是牡牛、山羊、獅、驢、蟹、蛇、龍、貓、鱷、猿、鷹。

印度的十二生肖——鼠、牛、獅、兔、龍、蛇、馬、羊、猴、金翅鳥、狗、豬，與中國十分相似。

干支紀年法是中國古代常用的另一種曆法制度。十「天干」為：甲、乙、丙、丁、戊、己、庚、辛、壬、癸。十二「地支」為：子、丑、寅、卯、辰、巳、午、未、申、酉、戌、亥。 兩者按固定的順序互相配合，組成了干支紀年法。

其中，十二地支對應十二生肖，順序排列為子鼠、丑牛、寅虎、卯兔、辰龍、巳蛇、午馬、未羊、申猴、酉雞、戌狗、亥豬。

天干、地支充分組合後，會有六十組紀年名號，如甲子年、丙寅年、戊辰年等。可以循環使用，六十年一個循環稱為一個「甲子」。

年的故事

很早很早以前，大海裏住着一頭叫作「年」的怪獸。
「年」一來，樹木凋敝，百草不生；「年」一走，萬物生長，綠野處處。

除夕這天，村子裏忽然來了一個穿紅衣服的小姑娘。小姑娘讓大家掛起紅燈籠，穿上新衣裳，吃大餐，還要烤火放鞭炮。

「年」看見門上掛着兩盞大紅燈籠，又聽到震耳欲聾的爆竹聲，嚇得魂飛魄散，一頭撞破大門，逃回海裏去了。原來，「年」最怕的就是紅色、火光和鞭炮響！

從此以後，大年三十這一天，家家戶戶都要張掛紅色的東西，做年夜飯，燃放煙花爆竹，燈火徹夜不熄。

春節的「超自然力量」

陰陽變化看春節

古代中國人理解世界的重要思維模式是陰陽的對立與轉化，人類社會和自然萬物均被納入陰陽二氣的消長變化系統之中。春節前後，既是陽氣微弱、陰氣高揚的時節，又是走向春天、孕育生機的時節。

正因為如此，春節像是一個掌握大自然節律的「時間閥門」，當「年」來的時候，天寒地凍、百草不生；當「年」走的時候，萬物復甦、鳥語花香。

中國人的陰陽觀

《易傳．繫辭》裏說：一陰一陽之謂道。

天為陽，地為陰；

日為陽，月為陰；

左為陽，右為陰；

男為陽，女為陰；

上為陽，下為陰；

火為陽，水為陰；

春夏為陽，秋冬為陰。

所以，荀子提出：天地合而萬物生，陰陽接而變化起。

新年之聲——「劈哩啪啦」

你知道嗎，今天過年「點爆竹」的習俗，竟然是由「生旺火」的習俗發展而來的。

在過去，因為南方盛產竹子，所以人們在點火把、燒火堆的時候經常使用竹子。竹子點燃後，會發出「劈哩啪啦」的響聲。後來，這種聲音逐漸被人們當作新年的吉祥之聲。

「驅邪」還是「迎神」？

許多節日習俗的形成，無論是為了驅除鬼怪還是迎接神靈，都反映了古代人類生產力低下，力量是有限的。在面對困境時，內心渴求獲得超自然的能力，因此敬畏鬼神。不僅在古代，今天也是如此。

我們時常感受到，生活中總有個人無法應對的困難，我們希望擁有一些超自然的力量，希望獲得超自然力量的幫助。從某種意義上說，這是精神信仰的一種表現。

所以，我們愛聽「點石成金」的神話故事，愛看《哈利·波特》之類的影片，其實吸引我們的就是某種神秘的超自然力量。

春節的「取火」習俗

春節期間正值寒冬，為了陰陽平衡，許多習俗都與「火」有關。

「生旺火」——新年來到時，在院子裏點燃火把、火堆或炭火盆，古代稱之為「庭燎」「燒火盆」，現代稱之為「生旺火」。古代生旺火是為了驅邪，或者祭神祭祖。後來衍化為寓意全家興旺發達，表達美好願望。

「點爆竹」——古代是為了驅鬼或者迎神。後來演變成為辭舊迎新的傳統活動，渲染節日氣氛。但近年來，為了城市環保、安全，越來越多的人希望禁止燃放煙花爆竹或用其他方式代替。

祝福三

回家！回家！

有錢沒錢，回家過年

「我是一名大學生，今年是我第一次離開家到這麼遠的地方上學，我都有半年沒回家了……我很想念爸爸媽媽，快要放寒假了，我早早地就買好了票，就等着和家人一起過春節了。」

「我是一名公司職員，離開家已經有三年時間了，在這三年中我經歷了失敗和迷茫，但我相信所有的經歷都是財富，它們讓我更堅強，讓我更懂得生活。又要過年了，無論成敗，今年，我都要回家看看。」

「我是一名農民工，與鄉友們一起來到大城市打工。這些年，我們搬磚、砌牆……雖然辛苦，但只要能讓家裏的老人、伴侶、孩子過上好日子，再苦再累我都願意。今年過年，我早已買好年貨和禮物，就等一家團圓啦！」

開心一笑：「春節運動會」

「春節運動會」，簡稱「春運」，是包含多種比賽項目的全國性運動會，每年春節舉行一次。比賽分網上搶票、電話訂票、排隊買票三大項，其中又包括猛擊鼠標、快速按鍵、原地站立、負重暴走、穿越人海 5 個小項，共有來自全國 23 個省、5 個自治區、4 個直轄市、2 個特別行政區約 2 億人參賽。

▲每逢「春運」，就會出現大批返鄉大軍，結伴回家。

中國的「春運」，在全世界範圍內來說都是獨一無二的。重視家庭的中國人，總會選擇在春節期間全家團聚、共同守歲。

改革開放後，數以億計的農村富餘勞動力赴城鎮打工、經商。他們辛苦了一年總要回家探望親人並稍作休整。由於中國幅員遼闊、人口眾多，各交通運輸部門的運輸能力還很不平衡。因此，春節回家曾經是一個難以解決的問題。但近幾年，隨着高鐵和公路的建設，「春運」回家變得容易了。

春節回家就像一場人類大遷徙。但是回家的人們，不會在乎路途的艱辛和遙遠，在乎的是回家的心情，以及與家人團聚的溫馨。只要家還在遠方，腳下的路就沒有止境；只要路還在前方，回家的腳步就不會停止。

團圓飯裏的溫情

人們回到溫暖的家中，把年貨帶回家，更重要的是把自己帶回了家！

中國自古就有春節守歲的文化傳統。「一夜連雙歲，五更分兩年。」除夕夜有着太多的守候、回味和期待……

不知是家人的笑臉讓年夜飯變得更加香噴噴，

還是冒着熱氣的飯菜讓家人的臉龐越發紅撲撲。

無論如何，

這一夜，

我們在一起。

年，是温情的守候，

家，是温馨的港灣。

▲年夜飯，團圓飯，吃出歡樂，吃出温情。

春節有禁忌

春節有「禁忌」？

早期人類社會中，生產力和科學技術不夠發達，人們難以駕馭各種生存困境。因此，許多人認為有神祕的力量在掌控着自然界，支配着自己的生活。人們認為，對這些看不到卻對自己的生存起着決定性作用的神祕力量要恭敬順從，決不可冒犯。只有這樣，神祕的力量才會降福於自己，觸犯或冒犯它們，將會遭遇災禍。在這種意識支配下，相應的限制和規定便生成了，這就產生了禁忌。

中國春節習俗包含着多種禁忌信仰——告誡人們，別這樣做，以免發生不希望發生的事情。

語言禁忌：不能罵人、忌談病死；若是不小心摔破了東西，要趕緊說「歲歲平安」（「歲」與「碎」同音）。

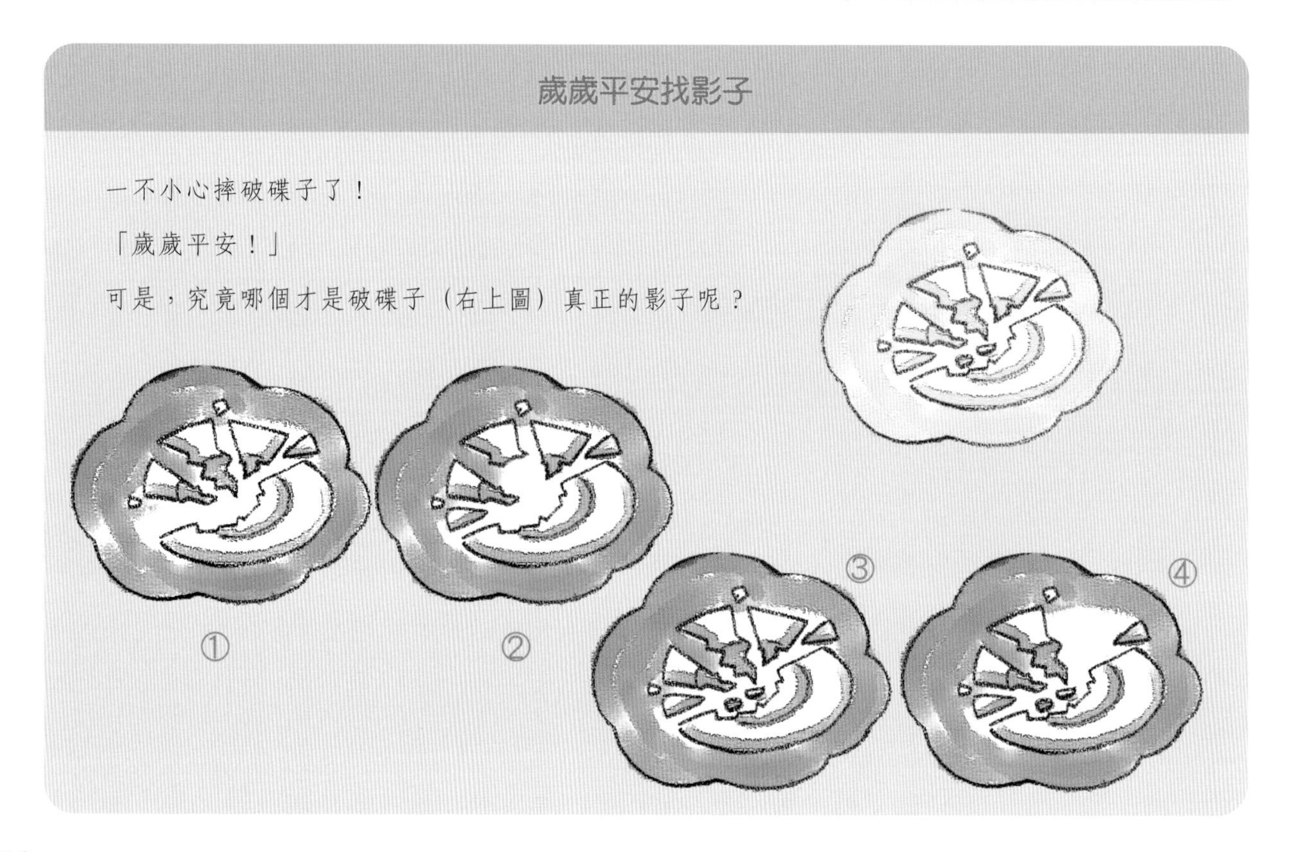

行為禁忌：忌正月理髮，初一不掃地、不倒垃圾（避免掃走運氣）等。

飲食禁忌：年初一忌吃魚頭、魚尾，意味着年年有餘（「餘」與「魚」同音）。

禁忌在傳統的春節習俗中為人們提供了一些行事規則，在今天更多的是在營造一種積極情感和節慶心理，無形中增加了歡樂氣氛。

祝福四

南腔北調過春節

南北年俗大不同

中國地大物博，竟然連春節也出現了截然不同的景致。

北方的年白雪皚皚，白色的冰雪世界與紅色的燈籠相映成趣。

倒貼的「福」字

春節貼「福」字，是我國民間由來已久的習俗。無論是現在還是過去，春節貼「福」字都寄託了人們對幸福生活的嚮往，也是對美好未來的祝願。為了更充分地體現這種嚮往和祝願，於是人們將「福」字倒過來貼，表示「幸福已到」「福氣已到」。

南方的年與北方的臘梅幽香、白雪皚皚不同，依然是綠樹成蔭、繁花似錦，裝扮出另一種年味。

餃子裏的祕密

北方的年除了在天氣上要寒冷一些外，還有着一些程序化的年俗，這讓北方的年始終年味濃郁。

餃子成為春節餐桌上不可缺少的節日美食，北方地區一般在大年初一吃餃子。

餃子形如元寶。人們在春節吃餃子取「招財進寶」之意。

餃子有餡，便於人們把各種寓意吉祥的東西（糖、花生、錢幣等）包到餡裏，以寄託人們對新一年的祈望。吃到糖的人，來年的日子更甜美；吃到花生的人，將健康長壽；吃到錢幣的人，將富貴一生。

廣州年的味道——逛了花街才是年

在廣州過年如果不逛花街，就意味着在新的一年你會失去好運氣。逛花市是廣州獨特的文化，這種傳統文化在廣州已傳承了上千年。

廣州傳統迎春花市從農曆十二月二十八日(月小則在二十七日)開始，歷時三天，第三天延至新年初一凌晨才結束。一年之中，逛花街就是廣州人走在街上覺得最放鬆的時刻之一了。

幸運餃子走迷宮

春節的餃子裏藏着許多祝福。選擇喜歡的餃子，看看連通餃子的路線，你能得到怎樣的祝福吧！

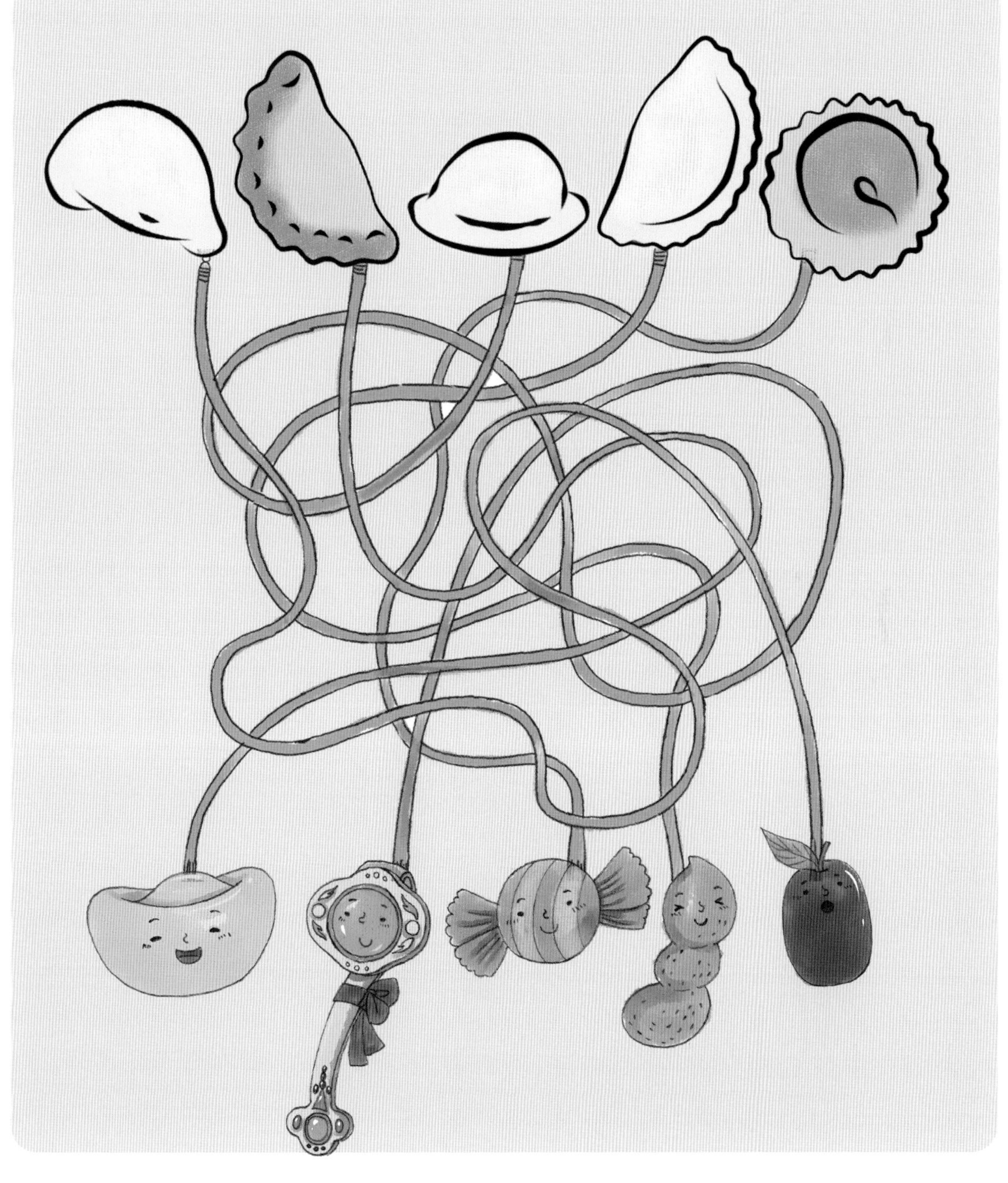

「消失」的年俗

有許多的春節習俗隨着社會的發展，人們生活水平的提高，自然而然地發生着變化，甚至有些漸行漸遠……

不再貼年畫了！根據傳統年俗，農曆臘月二十五家家戶戶要在窗上和牆上張貼各式年畫，以表達內心對即將到來的新一年的期盼。而現在，大家對年畫還有印象嗎？可還記得年畫為何物？眼下不止是城市，就連年味頗濃的農村，年畫的影子也悄然遁去。

穿新衣習俗淡了！現在人們對新年穿新衣的期盼已經不再像以前那麼迫切，從只有過年時才能做一件新衣服，到現在平時想買新衣服就買，這樣的變化讓人欣喜的是

春節是億萬中國人情感的聚合，有不可替代的社會功效……再文明的國度也不可能盡廢節慶，豐富的節俗構築起神聖的民族儀式時空，表達着濃濃的家國情懷。春節是活化石，它需要繼承、創新和發展……

我們的日子越過越好，而遺憾的是年味卻漸漸地變淡了。

鞭炮聲也有些不一樣了！為了安全和環保，越來越多人呼籲盡量減少煙花爆竹的燃放。像過去那樣，小朋友捂住耳朵，害怕又興奮地看大人點燃鞭炮的場景越來越少見了。

登門拜年的習俗也發生了改變！以前過年的時候，是人到祝福到，再後來是電話到祝福到，如今已經演變成信息到祝福到了。

…………

我的年俗寶箱

有人說，最傳統的春節，遺落在異國的唐人街；還有人說，最地道的年味，在各個偏遠的少數民族村落裏閃耀……是不是真的如此呢？尋着「年味」，我們一起來看看春節習俗吧！

年俗寶箱

看，我們的年俗都裝到一個寶箱裏面啦！可是寶箱太重了，我們來選一選你是怎麼過年，並把這些年俗從寶箱中拿出來吧！

我記憶中的年俗：

1.

2.

3.

4.

新興年俗

除了追憶傳統的年俗，現在又流行了很多新興的年俗呢。比如現在越來越多的家庭選擇在餐廳訂年夜飯，不用再大費周章只為一頓飯。當然也是考慮到現在住的樓房越來越密集，大家庭的聚會受到空間的限制，所以在餐廳可以讓更多的親戚一起團聚。除了這個，微信搶紅包、網購年貨等也是新興的年俗呢！

終於把年俗寶箱拿回家了。寶箱裏還有哪些東西？

其他地方是怎麼過年的？

祝福五

跟着舞獅出國門

舞獅隊伍浩浩蕩蕩，他們來到了英國的唐人街上……

他們在過中國年

近些年來，中國的春節在國外越來越有人氣。春節到了國外，染上了「洋味」，快來看看在那裏是怎麼過中國年的吧！

春節期間，無論身在美國、英國還是東南亞一些國家，隨處可見手拿中國小玩意的外國人。

在英國，倫敦的節日氣氛最濃郁，倫敦的特拉法加廣場，數千人齊聚一堂，共同慶祝這個喜慶的中國傳統節日。前倫敦市長現英國首相鮑里斯・約翰遜也曾出席倫敦春節慶典。

在各種春節活動中，最重要的節目之一就是舞獅了。

穿梭在花車、舞獅隊伍之中，很多外國人都被濃郁的「中國風」所深深感染，他們也開始習慣性地期待每年都會到來的中國春節。

▼英國：春節慶典

▼美國：帝國大廈為中國春節亮燈

▲南非：唐人街迎新春

◀ 瑞典：喜迎中國春節活動

不忘初心

身在海外的中華兒女，每逢春節，他們都會用各種各樣的方式表達對祖國的祝福和對親人的思念。

「洋裝雖然穿在身，我心依然是中國心……」

《我的中國心》
作詞：黃霑　作曲：王福齡
演唱：張明敏

河山只在我夢縈
祖國已多年未親近
可是不管怎樣也改變不了
我的中國心
洋裝雖然穿在身
我心依然是中國心
我的祖先早已把我的一切
烙上中國印
長江　長城
黃山　黃河
在我心中重千斤
無論何時　無論何地
心中一樣親
流在心裏的血
澎湃着中華的聲音
就算身在他鄉也改變不了
我的中國心

▶法國春節大遊行一角

▼瑞典春節活動

▼澳大利亞社團春節舞龍

不同的新年心願

雖然國外也有相似的春節時光，但節日習俗卻不一樣。

巴厘島的安寧日

安寧日是印度尼西亞巴厘島最大的節日之一，就如同中國的春節。有趣的是，這一天，整個島十分安靜——人們必須待在家裏，不能談話，並關掉電燈、電視和收音機，巴厘島人停止一切的日常活動，安靜地待在家裏，唯有每一個村子指派的巡邏隊員可以留在戶外。原來，這一天是巴厘島人自我反省的一天，人們用冥想的方式，安靜地反思自己在過去一年的所有行為，他們不希望任何聲音破壞大自然的寧靜和自我的反省。

意大利人扔舊物

意大利人在迎接元旦新年時喜歡扔掉舊東西。元旦前夜，一些人會瘋狂地將各種東西扔出窗外，包括熨斗、花瓶、桌椅，當然還有垃圾，以此「辭舊迎新」。

英國人開門迎年

元旦新年的鐘聲敲響後，英國家庭會把家裏的後門打開，將「舊年」放出，然後再打開前門，將「新年」迎進來。

你今年的新年願望是：

我的家在中國・節日之旅 1

爆竹聲中一歲除 春節

檀傳寶◎主編　李敏◎編著

責任編輯：余雲嬌
裝幀設計：龐雅美
排　　版：時　潔
印　　務：劉漢舉

出版 / 中華教育
香港北角英皇道 499 號北角工業大廈 1 樓 B
電話：（852）2137 2338
傳真：（852）2713 8202
電子郵件：info@chunghwabook.com.hk
網址：https://www.chunghwabook.com.hk/

發行 / 香港聯合書刊物流有限公司
香港新界荃灣德士古道 220-248 號
荃灣工業中心 16 樓
電話：（852）2150 2100
傳真：（852）2407 3062
電子郵件：info@suplogistics.com.hk

印刷 / 美雅印刷製本有限公司
香港觀塘榮業街 6 號
海濱工業大廈 4 樓 A 室

版次 / 2021 年 3 月第 1 版第 1 次印刷

規格 / 16 開（265 mm x 210 mm）